中国工程建设标准化协会标准

路用低氯融雪剂

Low-chloride snow-melting reagent for road

T/CECS 10005—2018

主编单位：黄山九星环保科技有限公司
批准部门：中国工程建设标准化协会
实施日期：2018 年 09 月 01 日

人民交通出版社股份有限公司

图书在版编目（CIP）数据

路用低氯融雪剂：T/CECS 10005—2018 / 黄山
九星环保科技有限公司主编. — 北京：人民交通出版社
股份有限公司, 2018.4
　ISBN 978-7-114-14579-7

　Ⅰ. ①路… Ⅱ. ①黄… Ⅲ. ①道路—融雪—化学试剂
—标准 Ⅳ. ①TQ421-65

中国版本图书馆 CIP 数据核字（2018）第 052900 号

标准类型： 中国工程建设标准化协会标准

标准名称： 路用低氯融雪剂

标准编号： T/CECS 10005—2018

主编单位： 黄山九星环保科技有限公司

责任编辑： 李　沛

责任校对： 刘　芹

责任印制： 张　凯

出版发行： 人民交通出版社股份有限公司

地　　址：（100011）北京市朝阳区安定门外外馆斜街 3 号

网　　址： http://www.ccpress.com.cn

销售电话：（010）59757973

总 经 销： 人民交通出版社股份有限公司发行部

经　　销： 各地新华书店

印　　刷： 北京市密东印刷有限公司

开　　本： 880×1230　1/16

印　　张： 1

字　　数： 30 千

版　　次： 2018 年 6 月　第 1 版

印　　次： 2018 年 6 月　第 1 次印刷

书　　号： ISBN 978-7-114-14579-7

定　　价： 25.00 元

（有印刷、装订质量问题的图书，由本公司负责调换）

中国工程建设标准化协会
公　告

第 328 号

关于发布《路用低氯融雪剂》的公告

　　根据中国工程建设标准化协会《关于下达〈中国工程建设标准化协会 2016 年第二批产品标准试点项目计划〉的通知》（建标协字〔2016〕085 号）的要求，由黄山九星环保科技有限公司等单位编制的《路用低氯融雪剂》，经本协会公路分会组织审查，现批准发布，编号为 T/CECS 10005—2018，自 2018 年 9 月 1 日起施行。

二〇一八年四月十三日

目　　次

前　言

根据中国工程建设标准化协会《关于印发〈中国工程建设标准化协会 2016 年第二批产品标准试点项目计划〉的通知》(建标协字〔2016〕085 号)的要求,由黄山九星环保科技有限公司承担《路用低氯融雪剂》(以下简称"本标准")的制定工作。

编写组在总结路用低氯融雪剂的使用经验和相关科研成果的基础上,以完善和提升路用低氯融雪剂的防冻及防腐性能为核心,完成了本标准的编写工作。

本标准分为 10 章,主要内容包括范围,规范性引用文件,术语和定义,分类,技术要求,试验方法,检验规则,标志、包装、运输、储存和使用说明,以及进场检验。

本标准基于通用的工程建设理论及原则编制,适用于本标准提出的应用条件。对于某些特定专项应用条件,使用本标准相关条文时,应对适用性及有效性进行验证。

本标准由中国工程建设标准化协会公路分会负责归口管理,由黄山九星环保科技有限公司负责具体技术内容的解释,在执行过程中如有意见或建议,请函告本标准日常管理组,中国工程建设标准化协会公路分会(地址:北京市海淀区西土城路 8 号;邮编:100088;电话:010-62079839;传真:010-62079983;电子邮箱:shc@ rioh. cn),或胡辉(地址:安徽省黄山市歙县循环经济园,邮编:245200 ;电子邮箱:56723225@ qq. com),以便修订时研用。

主 编 单 位:黄山九星环保科技有限公司
参 编 单 位:安徽省交通控股集团养护中心
　　　　　　合肥学院
　　　　　　黄山学院
主　　　　编:胡辉
主要参编人员:王永垒　邓呈逊　李阿坦　俞志敏　唐岩　郑娟　肖娟定
主　　　审:唐玎玎
参与审查人员:李春风　刘怡林　沈国华　鲁圣弟　王恒　徐欣　吴海林
　　　　　　朱益民　时成林　郝朋超　王任勇　白帆

路用低氯融雪剂

1 范围

本标准规定了路用低氯融雪剂的分类、技术要求、试验方法、检验规则、标志、包装、运输、储存和使用说明,以及进场检验。

本标准适用于公路、城市道路用低氯融雪剂,风景区、林区、厂矿等用低氯融雪剂可参照使用。

本标准产品尤其适用于–15℃及–15℃以下寒冷地区及对防腐蚀要求较高的区域,其他环境条件均可参照使用。

2 规范性引用文件

下列文件对于本文件的应用是必不可少的。凡是注日期的引用文件,仅注日期的版本适用于本文件。凡是不注日期的引用文件,其最新版本(包括所有的修改单)适用于本文件。

GB/T 191　　　　包装储运图示标志

GB/T 699　　　　优质碳素结构钢

GB/T 2430　　　　航空燃料冰点测定法

GB/T 5750.5　　　生活饮用水标准检验方法　无机非金属指标

GB/T 5750.6　　　生活饮用水标准检验方法　金属指标

GB/T 6679　　　　固体化工产品采样通则

GB/T 6680　　　　液体化工产品采样通则

GB/T 6682　　　　分析实验室用水规格和试验方法

GB/T 6912　　　　锅炉用水和冷却水分析方法　亚硝酸盐的测定

GB/T 6912.1　　　锅炉用水和冷却水分析方法　硝酸盐和亚硝酸盐的测定　第1部分:硝酸盐　紫外光度法

GB/T 9724　　　　化学试剂 pH 值测定通则

GB/T 11896　　　水质　氯化物的测定　硝酸银滴定法

GB/T 13025.3　　制盐工业通用试验方法　水分的测定

GB/T 13025.4　　制盐工业通用试验方法　水不溶物的测定

GB/T 18175　　　水处理剂缓蚀性能的测定　旋转挂片法

GB/T 23942　　　化学试剂　电感耦合等离子体原子发射光谱法通则

HG/T 3696.2　　　无机化工产品　化学分析用标准溶液、制剂及制品的制备　第2部分:杂质标准溶液的制备

HG/T 3696.3　　　无机化工产品　化学分析用标准溶液、制剂及制品的制备　第3部分:制剂及制品的制备

JTG E60　　　　　公路路基路面现场测试规程

3 术语和定义

下列术语和定义适用于本文件。

3.1

路用低氯融雪剂 low-chloride snow-melting reagent for road

促使路面冰、雪融化,且氯离子含量不超过 10.0% 的化学品。

3.2

冰点 freezing point

物质在液态和固态之间转换时的温度。

3.3

路面摩擦衰减率 friction attenuation rate of road surface

路面喷洒融雪剂前后其表面抗滑值的减少值所占无融雪剂路面抗滑值的百分数。

3.4

碳钢腐蚀率 corrosion rate of carbon steel

单位时间内,碳钢金属材料平均损失的厚度。

3.5

固体水分 water content of solid

固体物质中残留的水分含量。

3.6

黏化温度 sticky temperature

材料高弹态与黏流态间转换时的温度。

4 分类

路用低氯融雪剂可分为固体低氯融雪剂和液体低氯融雪剂两类。

固体是复合造粒,适合机器播撒;液体包括液体融雪剂产品和由固体融雪剂配制成的溶液,适合喷洒。

5 技术要求

路用低氯融雪剂的技术指标应符合表1的要求。

表 1 路用低氯融雪剂技术指标

序号	项 目	指 标	
		固体状	液体状
1	性状	颗粒均匀,粒径 2mm～10mm,颗粒质量占融雪剂总质量的90%以上	流体均匀,不得分层或有沉淀物
2	固体溶解时间(s)	≤720	—
3	水不溶物(%)	≤5.0	
4	氯离子(Cl⁻)含量(%)	≤10.0	
5	固体水分(%)	≤5.0	—
6	pH 值	6.0～9.0	
7	冰点(℃)	≤ -15	
8	相对氯化钠融雪化冰能力	≥110%	

表1(续)

序号	项 目	指 标	
		固体状	液体状
9	路面摩擦衰减率(%)	$M_{湿基} \leqslant 16$	
10	碳钢腐蚀率(mm/a)	$\leqslant 0.10$	
11	亚硝酸盐氮含量(%)	$\leqslant 0.006$	
12	硝酸盐氮含量(%)	$\leqslant 0.05$	
13	汞(Hg)含量(%)	$\leqslant 0.000\ 1$	
14	镉(Cd)含量(%)	$\leqslant 0.000\ 5$	
15	铅(Pb)含量(%)	$\leqslant 0.002\ 5$	
16	铬(Cr)含量(%)	$\leqslant 0.001\ 5$	
17	砷(As)含量(%)	$\leqslant 0.000\ 5$	

6 试验方法

6.1 一般要求

本标准所用试剂为分析纯试剂,水为 GB/T 6682 中规定的三级水。试验中所用杂质标准溶液、制剂及制品,在没有注明其他要求时,均按 HG/T 3696.2 和 HG/T 3696.3 制备。

6.2 性状

6.2.1 固体低氯融雪剂

固体低氯融雪剂的粒径用圆孔分样筛筛分检测。

6.2.2 液体低氯融雪剂

液体低氯融雪剂以目视检查。

6.3 固体溶解时间

6.3.1 仪器和设备

仪器和设备包括:

a) 电动搅拌器:搅拌叶半径 2.5cm。

b) 计时器:精度 1s。

c) 天平:精度 0.01g。

d) 400mL 烧杯和量筒等。

6.3.2 试验步骤

室温下,按照配制 226.0g 路用低氯融雪剂试验溶液(设其质量百分比浓度为 $a\%$)来测定路用低氯融雪剂溶解时间。

按以下步骤测定固体溶解时间:

a) 在 400mL 烧杯中加入 m_c 克［按式(1)计算］水,将搅拌叶置于液面下 3/4 处,控制转速为

$(100 \pm 2) \, \text{r/min}$，然后一次性加入 m_d 克[按式(2)计算]低氯融雪剂，并立即计时。当低氯融雪剂颗粒完全溶解时，即为低氯融雪剂的溶解时间，精确至秒。

$$m_c = (1 - a) \times 226.0 \qquad (1)$$
$$m_d = a \times 226.0 \qquad (2)$$

式中：a——低氯融雪剂试验溶液的质量分数，单位为百分比（%）；

　　m_c——加入烧杯中的水的质量，单位为克（g）；

　　m_d——加入烧杯中的低氯融雪剂的质量，单位为克（g）。

b）取两次平行测定结果的算术平均值作为测定结果，保留整数。两次平行测定结果的绝对差值不大于 3s。

6.4 水不溶物

按 GB/T 13025.4 的要求进行测定。

6.5 氯离子（Cl^-）含量

按 GB/T 11896 的要求进行测定。

6.6 固体水分

按 GB/T 13025.3 的要求进行测定。

6.7 pH 值

6.7.1 仪器

酸度计：精度 0.02pH。

6.7.2 试验步骤

配制 29.0%（质量分数）的试验溶液（如取 29g 路用低氯融雪剂全部溶解在 71g 水中）。

按 GB/T 9724 的要求进行测定。取平行测定结果的算术平均值作为测定结果，两次平行测定结果绝对差值不大于 0.04pH。

6.8 冰点

6.8.1 仪器

仪器和设备包括：

a）冰点测定仪（器）。

b）温度计：量程 −60℃~20℃，精度 0.1℃。

6.8.2 试验步骤

6.8.2.1 固体融雪剂以其饱和水溶液（25℃）作为冰点测试溶液，液体融雪剂以产品原液作为冰点测试溶液。

6.8.2.2 移取 25.00mL 路用低氯融雪剂冰点测试溶液，按 GB/T 2430 的要求测定该低氯融雪剂测试溶液的冰点。

6.8.2.3 当按 GB/T 2430 无法测定冰点时，按以下步骤测定溶液黏化温度：

a）按 GB/T 2430 的要求使冰点测定仪达到设定温度，移取 25.00mL 路用低氯融雪剂测试溶液放入杜瓦瓶内的双壁试管中，将温度计的球部置于试液中心。

b) 开启试液搅拌器,使其达到最大振幅。仔细观察溶液状态,当搅拌器振幅开始降低时,记录温度,精确至 0.1℃,即为黏化温度。

c) 取两次平行测定结果的算术平均值作为测定结果,保留一位小数;两次平行测定结果的绝对差值不大于 0.2℃。

6.9 相对氯化钠融雪化冰能力

6.9.1 仪器和设备

仪器和设备包括:

a) 低温恒温箱:控温区间为 −40℃ ~ 10℃,精度 0.5℃。

b) 天平:精度 0.01g。

c) 瓷坩埚。

6.9.2 试剂和溶液

试剂和溶液包括:

a) 氯化钠溶液:18.0%(质量分数)。

b) 路用低氯融雪剂试验溶液:符合 6.7.2 的相关要求。

6.9.3 试验步骤

路用低氯融雪剂试验溶液的融雪防冻化冰能力按照以下步骤测定:

a) 取两个 150mL、直径为 10.5cm、深度为 5.5cm 的瓷坩埚,加 100mL 水,置于(−10 ± 1)℃ 的低温恒温箱中至结冰,24h 后备用。

b) 取 25mL 路用低氯融雪剂溶液和 25mL 氯化钠溶液,分别倒入 50mL 烧杯中,置于(−10 ± 1)℃ 的低温恒温箱中,12h 后备用。

c) 从低温箱中取出带有冰块的瓷坩埚,擦干外壁的水和冰,迅速称量,精确至 0.1g。

d) 将制备的路用低氯融雪剂溶液和氯化钠溶液迅速倒入盛有冰块的瓷坩埚中,然后放回低温恒温箱内。

e) 0.5h 后取出该瓷坩埚,立刻倾倒其液体,并迅速称量烧杯和剩余冰块的质量。

6.9.4 结果计算

按以下方法计算相对氯化钠融雪化冰能力 W_1:

$$W_1 = \frac{m_0 - m_1}{m_0' - m_1'} \times 100\% \tag{3}$$

式中:W_1——相对氯化钠融雪化冰能力;

m_0——加入低氯融雪剂试验溶液之前烧杯和冰块的质量(g);

m_0'——加入氯化钠溶液之前烧杯和冰块的质量(g);

m_1——加入低氯融雪剂试验溶液 0.5h 后,倾倒完烧杯中液体后烧杯和剩余冰块的质量(g);

m_1'——加入氯化钠溶液 0.5h 后,倾倒完烧杯中液体后烧杯和剩余冰块的质量(g)。

取两次平行测定结果的算术平均值为测定结果;两次平行测定结果的绝对差值不大于 5%。

6.10 路面摩擦衰减率

6.10.1 仪器和设备

仪器和设备包括:

a) 摆式仪:JTG E60 中规定的摆式仪。

b) 鼓风干燥箱:量程 40℃ ~150℃,精度 1℃。

c) 恒温恒湿箱:温度量程 15℃ ~50℃,温度精度 2℃,湿度量程(30% ~95%)RH,湿度精度 2%。

6.10.2 沥青混凝土试块处理

采用玄武岩集料制作 300mm × 300mm × 50mm SMA-13 标准沥青混合料试块,表面清洗后,置于(45 ±1)℃的鼓风干燥箱中,烘 4h 后备用。

6.10.3 试验步骤

按照以下步骤测定路用低氯融雪剂试验溶液(符合 6.7.2 的相关要求)湿基路面摩擦衰减率:

a) 湿基本底抗滑值测定:室温下,将 25mL 水分数次缓慢均匀地洒在试块表面上,使其保持无径(溢)流的湿润状态,10min 后测定抗滑值。共测定 5 次,每次均需再洒少量水以保持试块被测点的湿润(可见一层薄水膜)。取 5 次重复测定的平均值作为湿基本底抗滑值,保留整数。重复测定的最大值与最小值之差应不大于 3BPN。

b) 路用低氯融雪剂湿基抗滑值测定:以上同一试块在(45 ±1)℃的鼓风干燥箱中烘 4h 后取出,冷却 2h 后,将 25mL 低氯融雪剂试验溶液分数次缓慢均匀地洒在试块表面,使其保持无径(溢)流的湿润状态,10min 后测定抗滑值。共测定 5 次,每次均需再洒少量低氯融雪剂试验溶液以保持试块被测点的湿润(可见一层薄液膜)。取 5 次重复测定的平均值作为低氯融雪剂湿基抗滑值,保留整数。重复测定结果的最大值与最小值之差应不大于 3BPN。

6.10.4 计算结果

路用低氯融雪剂湿基路面摩擦衰减率 $M_{湿基}$ 按式(4)计算。

$$M_{湿基} = \left(1 - \frac{H_{湿基,融雪剂}}{H_{湿基,本底}} \right) \times 100\% \tag{4}$$

式中:$M_{湿基}$——低氯融雪剂湿基路面摩擦衰减率(%);

$H_{湿基,融雪剂}$——低氯融雪剂湿基抗滑值(BPN);

$H_{湿基,本底}$——湿基本底抗滑值(BPN)。

取两次平行测定结果的算术平均值作为测定结果,保留整数。两次平行测定结果的绝对差值不大于 1%。

6.11 碳钢腐蚀率

6.11.1 仪器和设备

仪器和设备包括:

a) 旋转挂片腐蚀试验仪。

b) 分析天平:精度 0.000 1g。

6.11.2 测定条件

测定条件应符合以下要求:

a) 标准腐蚀试片采用 GB/T 699 中要求的 20 号碳钢,表面积 28.0cm²。

b) 溶液体积与试片面积比:24mL/cm² ~26mL/cm²。

c) 测定温度:(40 ±1)℃。

d) 试片线速度:(0.35 ±0.01)m/s。

e）测定周期:48h。

6.11.3 试验步骤

试验步骤如下:
a）路用低氯融雪剂试验溶液的配制按6.7.2相关要求进行。
b）按GB/T 18175的要求进行测定。测定结果以年平均腐蚀深度表示,单位为毫米每年(mm/a)。取3片以上试片平行测定结果的算术平均值作为测定结果;单个平行测定结果与算术平均值的相对偏差不大于10%。

6.12 亚硝酸盐氮含量

亚硝酸盐氮含量按如下方法测定:
a）无有机物干扰测定的路用低氯融雪剂的亚硝酸盐氮含量按GB/T 6912中的紫外分光光度法的要求进行测定。
b）存在有机物干扰测定的路用低氯融雪剂的亚酸盐氮含量按GB/T 6912中分子吸收分光光度法的要求进行测定。

6.13 硝酸盐氮含量

路用低氯融雪剂硝酸盐氮含量按GB/T 6912.1(适用于无有机物干扰测定的路用低氯融雪剂)和GB/T 5750.5(适用于存在有机物干扰测定的路用低氯融雪剂)的要求进行测定。

6.14 汞(Hg)含量

按GB/T 5750.6的要求进行测定。

6.15 镉(Cd)含量

按GB/T 23942的要求进行测定。

6.16 铅(Pb)含量

按GB/T 23942的要求进行测定。

6.17 铬(Cr)含量

按GB/T 23942的要求进行测定。

6.18 砷(As)含量

按GB/T 5750.6的要求进行测定。

7 检验规则

7.1 检验分类

检验分为出厂检验和型式检验。

7.2 出厂检验

每批产品必须经检验合格并附合格证后方可出厂。出厂检验按表2规定进行。

7.3 型式检验

有下列情况时应进行型式检验：

a) 新产品投产或产品定型鉴定。

b) 正常生产时,每半年进行一次。

c) 原材料、工艺等发生较大变化,可能影响产品质量。

d) 出厂检验结果与上次型式检验结果有较大差异。

e) 产品停产 3 个月以上恢复生产。

f) 国家质量监督检验机构提出型式检验要求。

7.4 检验项目

路用低氯融雪剂的检验项目见表 2。

表 2 路用低氯融雪剂检验项目

序号	项目名称	检验方法	出厂检验	型式检验
1	性状	6.2	√	√
2	固体溶解时间(s)	6.3	√	√
3	水不溶物(%)	6.4	√	√
4	氯离子(Cl^-)含量(%)	6.5	√	√
5	固体水分(%)	6.6	√	√
6	pH 值	6.7	√	√
7	冰点(℃)	6.8	√	√
8	相对氯化钠融雪化冰能力	6.9	√	√
9	路面摩擦衰减率(%)	6.10	√	√
10	碳钢腐蚀率(mm/a)	6.11	√	√
11	亚硝酸盐氮含量(%)	6.12	×	√
12	硝酸盐氮含量(%)	6.13	×	√
13	汞(Hg)含量(%)	6.14	×	√
14	镉(Cd)含量(%)	6.15	×	√
15	铅(Pb)含量(%)	6.16	×	√
16	铬(Cr)含量(%)	6.17	×	√
17	砷(As)含量(%)	6.18	×	√
注:"√"为检验项目,"×"为不检验项目。				

7.5 组批

用相同原料,基本相同的生产条件,连续生产或同一班组生产的同一类型的融雪剂为一批。每批产量不超过 100t。

7.6 采样

7.6.1 固体低氯融雪剂采样

固体低氯融雪剂产品按 GB/T 6679 的要求确定单元采样数。采样时,将采样器自包装袋的上方斜插入至料层深度的 3/4 处采样。将采得的样品混匀后,按四分法缩分至 2kg,分装于两个清洁干燥的具塞广口瓶或塑料袋中,密封。

7.6.2 液体低氯融雪剂采样

液体融雪剂产品的采样按 GB/T 6680 的要求进行,分装于两个清洁干燥的具塞广口瓶中,密封。

7.6.3 标签

采样瓶或袋上粘贴标签,并注明生产厂家、产品名称、类型、批号、采样日期和采样人。一份供检验用,另一份保存 6 个月备查。

7.7 判定规则

低氯融雪剂样品的检验指标中,若其中任何一项不符合要求时,允许在同一批次中重新取样,对不合格项进行加倍试验复检。复检结果均合格时,判为检验合格;当仍有一组试验结果不符合要求时,判为产品检验不合格。

8 标志

8.1 低氯融雪剂包装上应有牢固清晰的标志,内容包括:生产厂名、厂址、产品名称、类别、净含量、批号、生产日期、保质期、本标准编号及 GB/T 191 中要求的"防晒""防雨"标志。
8.2 每批出厂的低氯融雪剂都应附有质量说明书。内容包括:生产厂名、厂址、产品名称、类别、净质量、批号、生产日期、保质期和本标准编号。

9 包装、运输、储存和使用说明

9.1 包装

固体低氯融雪剂可用内衬塑料薄膜的包装袋。液体低氯融雪剂应根据用户要求,协商确定包装容量和方式。

9.2 运输

低氯融雪剂在运输过程中应有遮盖物,防止日晒、雨淋、受潮。

9.3 储存

低氯融雪剂应储存于阴凉干燥处,防止日晒、雨淋、受潮。保质期应不少于 18 个月。逾期若检验合格,仍可继续使用。

9.4 使用说明

产品说明书应详细说明使用范围和合理、安全的使用方法等。

10 进场检验

低氯融雪剂进场检验内容主要包括：
a) 性状。
b) pH 值。
c) 氯离子含量。
d) 碳钢腐蚀率。

10 进场检验

低氯融雪剂进场检验内容主要包括：